大科学家讲世界起源

海洋的起源

[法]让·杜帕◎著 [法]奈莉·布吕芒塔尔◎绘 杨晓梅◎译

四川科学技术出版社

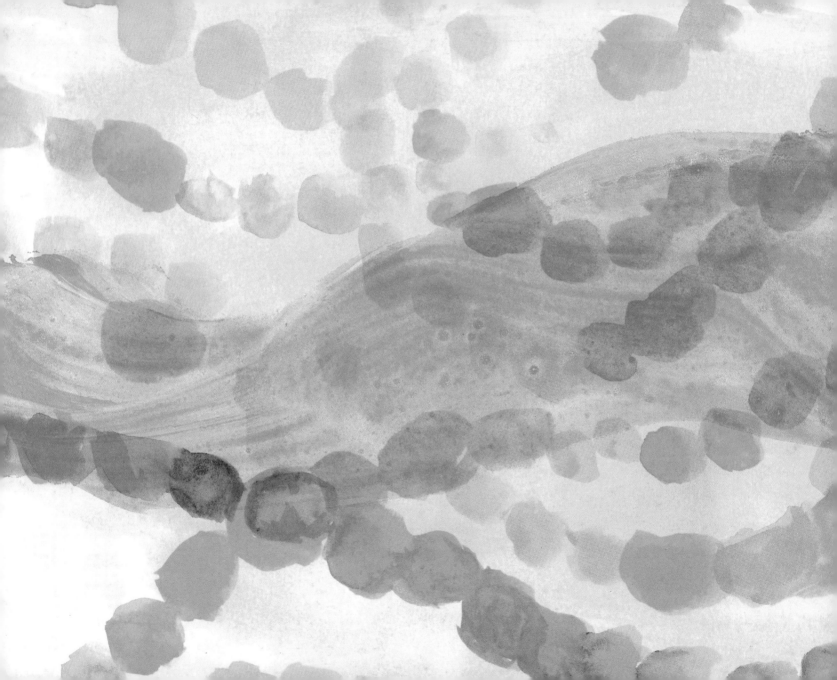

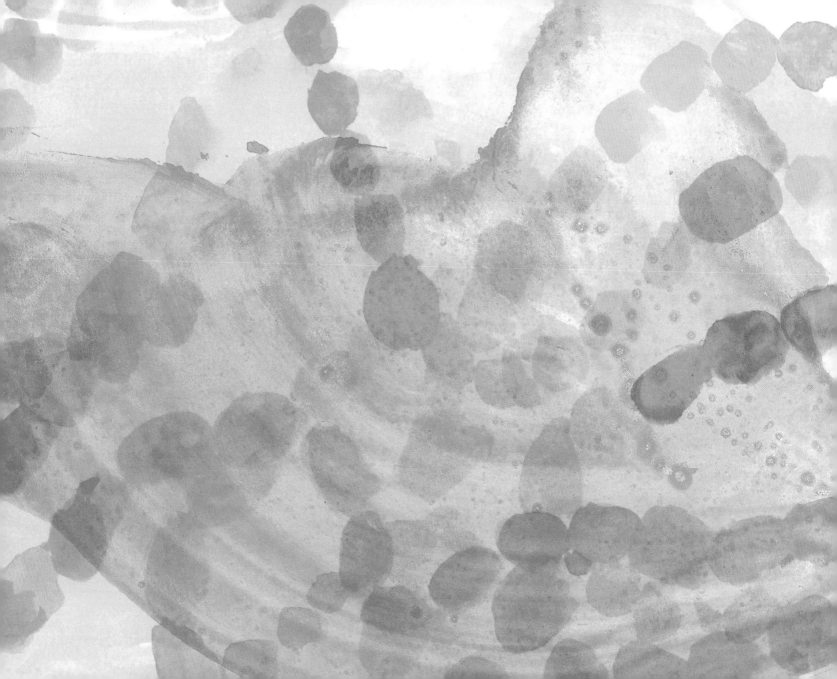

写在低幼儿童科普书之前

中山大学天文与空间科学研究院院长　李淼博士

给成人写科普文章和书是我在过去很长时间一直做的事，做得并不算好。

给少年儿童写书是我以后想做的事，因为还没有开始，并不知道该怎么做。给 2~5 岁低幼儿童写科学故事，应该是更高的目标了，也许今后会尝试。

摆在我们面前的就是一本写给 2~5 岁低幼儿童的科普书，文字部分是法国天体物理学家杜帕写的，美丽又充满诗意的图是女画家布吕芒塔尔画的。这些简单的文字和充满童趣的插画一下子将我带回了第一次读《十万个为什么》的年代，那个时候，我虽然还小，但已经远远不止 5 岁了。在那个年代，如果也有人给那时的小孩子写这样的书该有多好。

在儿童的世界里，成年人眼中看到的一切都会呈现出完全不同的面貌。我想，儿童眼里的风、雨、雷、电、太阳、月亮和星星，在充满了神秘色彩的同时，也和人类一样，有着自己的故事吧。也许儿童眼中的世界，就像文明曙光刚刚降临的时候人类所见到的那样，既有趣好玩同时又像朋友。

因此，给孩子讲科学故事，就得用他们喜欢的方式——先有故事，后有科学。这是我读了这本书之后的感觉。

"大科学家讲世界起源"这个系列的科普书应该是爸爸妈妈拿来读给孩子听的，孩子同时还可以看插图。这些关于地球、月亮和太阳的科学故事，关于空气、大海和火山的科学故事，是用儿童能够接受的语言讲出来的。至于故事本身，孩子和爸爸妈妈打开书本之后就可以直接进入，我就不赘述了。

下面我想说说，在自然面前，如何认识我们自己。

美国天文学家卡尔·萨根曾说过这样一段话："有人说过，天文学令人感到自卑并能培养个性。除了这张从远处拍摄我们这个微小世界的照片，大概没有别的更好的办法来揭示人类的妄自尊大是何等愚蠢。对我来说，它强调说明，我们有责任更友好地相处，并且要保护和珍惜这个淡蓝色的光点——这是我们迄今所知的唯一家园。"这段话和一张著名的照片有关，这张照片是航天器"旅行者1号"在距离地球64亿千米之外拍的地球照片。在这张照片中，地球只是一个渺小的暗淡蓝点。

这张照片告诉我们地球是多么渺小，居住在地球之上的人类是多么渺小。要知道，"旅行者1号"直到现在也还没有离开太阳系。从这张照片中看，地球只是太阳系中的一个小小的点。太阳系除了太阳、八大行星及其卫星外，还有许许多多的小行星。但太阳系与银河系相比呢，又小得微不足道。银河系与整个宇宙相比，也小得微不足道。随着科学技术的发展，我们知道地球不是宇宙的中心，人类也非常渺小。

但是，换一个角度来看，人类又是地球上唯一拥有高级智慧的生物。我们可以互相合作，可以认识自然，发现太阳是如何形成的，地球是如何形成的，海洋又是如何形成的。不仅如此，我们还能够认识到物质是由分子、原子乃至基本粒子构成的，我们开始了航天旅程，开始了解宇宙的历史，以及宇宙中到底有什么奇奇怪怪的天体。能够认识自然并且认识人类自身是一件非常了不起的事情，而且随着我们对地球之外的生命和智慧的搜寻，我们越来越觉得这是一件非常了不起的事情。除了很多地面的射电探测，开普勒太空望远镜对太阳系之外的行星的搜索似乎在暗示我们，也许并不存在地外文明，如果存在，也在很遥远的太空之外。

这样一来，萨根那段话的最后一句就显得意味深长："对我来说，它强调说明，我们有责任更友好地相处，并且要保护和珍惜这个淡蓝色的光点——这是我们迄今所知的唯一家园。"是啊，地球也许渺小，人类也许渺小，但是地球也许是唯一一颗居住着智慧生命的星球，我们有什么理由不好好保护它呢？而我们人类自己，又有什么理由不好好珍惜生命，并将我们对自然的认识和探索一代一代传下去呢？

致中国的小小读者

　　首先，我想和中国的小朋友说："我很高兴你们都能读到我的书。"对我的书来说，这是一场美丽的旅行，一场面向孩子——对我们的世界和宇宙提出问题的、在中国生活的孩子的旅行。早在很久很久以前，中国人就开始观测星星的运动，这些观测都很精确，并且带着自己的思考。因此，能把这些科学知识讲述给伟大的天文学家的后代们听，我感到非常荣幸。我非常确定，你们会喜欢奈莉·布吕芒塔尔的绘画，因为她的绘画中所表达出来的诗意和力量是不分国界的。

　　写这本儿童科普书的想法起源于我和奈莉的一次碰面。我非常喜欢她的画风，它饱含诗意而又有趣。这正是我在寻找的、在传达给孩子科普知识时所需要的画风。这样的绘画风格，使得我们可以探讨一些深层次的科学问题，而不会让孩子们感到有压力。孩子们都很聪明，我们的目的是让他们了解发展中的科学知识，用一些简单的词语和有趣的绘画让孩子们的想象力能展翅飞翔。

　　我的研究方向是天体物理学，这也是我非常喜欢的一个科学领域。天体物理学使得我们有可能了解到与存在于我们生活的世界中的物体完全不一样的物体，而这些物体却代表了我们宇宙的本质。这些物体包括恒星、行星，它们都离我们非常遥远。它们向我们讲述的是另外的世界，是它们自己的故事。正是因为这些故事，才让我们的想象有了飞翔的可能。

　　孩子天生就有一颗去探索世界的好奇心。从他们会说话的时候开始，他们就有了解新知识的愿望，期待去理解围绕着他们的世界。这个世界是如此广阔、如此神秘，有时候甚至让人害怕。有很多方法可以去发现和了解这个世界，语言、舞蹈、绘画，都是我们了解世界的方法。科学，当然也是了解世界的方法之一。我们创作这本书的目的，并不仅仅是为了回答孩子们心中的疑问，更是为了让孩子们理解——他们可以对他们所不了解的世界提出疑问。正是通过对这样的科普书的阅读，才能让孩子们从小就建立一种追求真理的科学精神。

让·杜帕*

nelly blumenthal

* 让·杜帕是法国国家科学研究中心的天体物理学家，研究方向为南极外星尘埃。

写给爸爸妈妈的话

自然界里的所有事物，无论多么巨大或多么微小、多么遥远，都有着各自的故事，等待着科学揭开它们的秘密。这本书的目的便在于向孩子讲述和解释周遭世界里的科学。

海洋

地球表面大部分是海洋，地球上的岩石中也含有水分，地壳之下的地幔也蕴藏着丰富的水资源。那么，地球上的水最初是从哪里来的呢？海洋又是怎么形成的？

科学家们对此进行了大量的研究，提出了各种假说。目前，地球水的来源主要有两种假说：一种假说认为，在地球形成初期，地球内部的地幔物质大规模熔融，通过大面积、长时间的火山喷发，熔岩流覆盖了地球表面，释放出以水蒸气为主的大量气体，冷凝后在地面汇集形成水体；另一种假说认为，大量的冰物质组成的彗星就像一辆辆运水车，它们在宇宙中流浪，当它们撞击地球或者经过地球时，就会把大量的水带到地球上。也许，彗星带来的水才有可能是地球水的主要来源。

那是什么?
那片广阔的蓝色水面……
那是海洋!

海洋是怎么形成的呢?

是有人打开了一个巨大的水龙头吗?

一种说法是，
在最初的时候，
地球的表面很干燥，
是一片由火山熔岩流冷却后形成的岩石与尘埃组成的荒漠。

岩石里面包含很多的水。

在地球形成初期，地球内部温度升高，内部物质慢慢熔化，形成了巨大的"岩浆海"。熔融的岩浆冲出地球表面，形成火山喷发。火山气体中的成分主要是水蒸气，水蒸气冷却后凝结成水，汇聚成了小溪与河流……这些小溪和河流在地球的低洼处不断聚集，形成了最初的海洋。地球早期的海水中溶解了大量的火山气体，酸性很强。

另一种说法是，在很久很久以前，地球还处在一个非常混乱的时期，常常有数不清的彗星落到地球上……

这些彗星主要由各种冰物质组成，当它们冲入地球的大气层后，冰物质在与大气分子摩擦产生的高温中汽化成了水蒸气。就是因为这些水蒸气的出现，海洋才慢慢开始形成。

或许我们现在喝的水，就是当初这些彗星带来的……
但是科学家们对这些假说还有很多争论。

早期的海洋对于现在的我们来说依然带着
非常神秘的色彩。

最初的生命就是从海洋中诞生的，不过，
那是地球诞生很久之后的事情了……

好啦！我的小玛拉，睡觉时间到了，下次再继续我们的科学之旅吧！

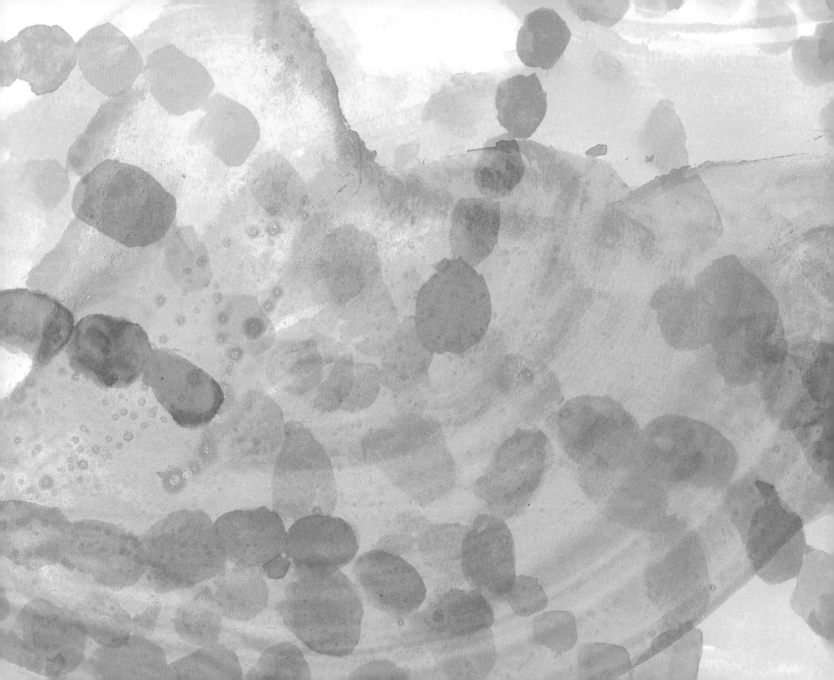

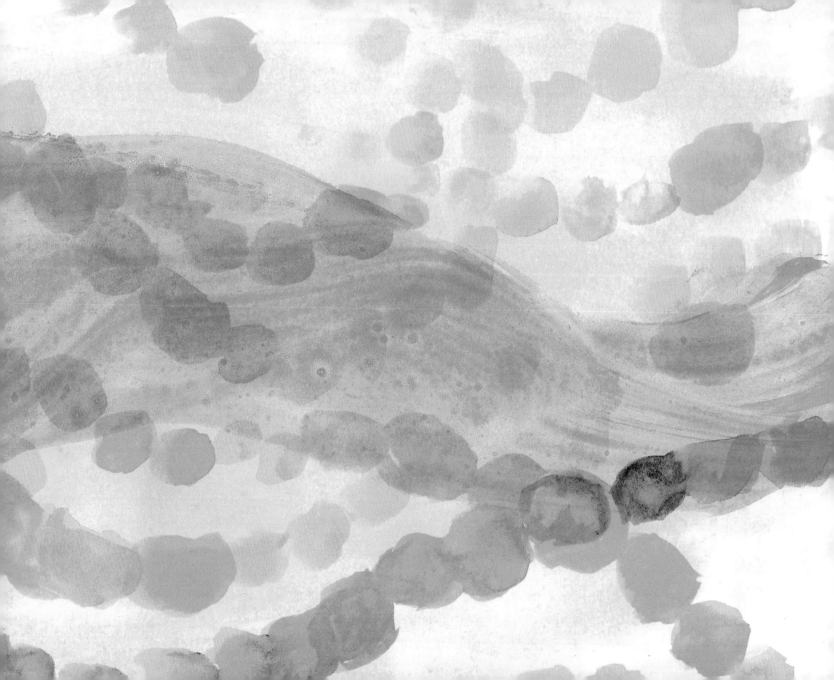

图书在版编目（CIP）数据

海洋的起源 /（法）让·杜帕著；（法）奈莉·布吕
芒塔尔绘；杨晓梅译 . -- 成都：四川科学技术出版社，
2021.8
（大科学家讲世界起源）
ISBN 978-7-5727-0222-8

Ⅰ . ①海⋯ Ⅱ . ①让⋯ ②奈⋯ ③杨⋯ Ⅲ . ①海洋 -
儿童读物 Ⅳ . ① P7-49

中国版本图书馆 CIP 数据核字 (2021) 第 159862 号

著作权合同登记图进字21-2021-243号
Petit Malabar Raconte:les mers
written by Jean Duprat and illustrated by Nelly Blumenthal
© 2011 Albin Michel Jeunesse
Simplified Chinese arranged by Ye Zhang Agency
Simplified Chinese translation copyright © 2021 by TB Publishing Limited
All Rights Reserved.

大科学家讲世界起源·海洋的起源

DA KEXUEJIA JIANG SHIJIE QIYUAN·HAIYANG DE QIYUAN

出 品 人	程佳月
著 者	［法］让·杜帕
绘 者	［法］奈莉·布吕芒塔尔
译 者	杨晓梅
责任编辑	梅 红
助理编辑	张 姗
策 划	奇想国童书
特约编辑	李 辉
特约美编	程 然
责任出版	欧晓春
出版发行	四川科学技术出版社

成都市槐树街2号　邮政编码：610031
官方微博：http://weibo.com/sckjcbs
官方微信公众号：sckjcbs
传真：028-87734035

成品尺寸	240mm × 180mm	印 张	2
字 数	40千	印 刷	河北鹏润印刷有限公司
版 次	2021年10月第1版	印 次	2021年10月第1次印刷
定 价	16.00元	ISBN	978-7-5727-0222-8

本社发行部邮购组地址：四川省成都市槐树街2号　电话：028-87734035　邮政编码：610031